Martha Cecilia Mosquera Urrutia

Pensamento Matemático e Habilidades de Inquérito na Sala de Aula

Martha Cecilia Mosquera Urrutia

Pensamento Matemático e Habilidades de Inquérito na Sala de Aula

Modelo de Mediação Pedagógica

ScienciaScripts

Este livro é uma tradução do original publicado sob ISBN 978-620-3-58671-8.

Publisher:
Sciencia Scripts
is a trademark of
Dodo Books Indian Ocean Ltd., member of the OmniScriptum S.R.L Publishing group
str. A.Russo 15, of. 61, Chisinau-2068, Republic of Moldova Europe
Printed at: see last page
ISBN: 978-620-3-66927-5

Modelo de mediação pedagógica para o desenvolvimento do pensamento matemático e a capacidade de investigar na sala de aula
Estratégias para a pôr em prática

Martha Cecilia Mosquera Urrutia

Este texto sistematiza as experiências de investigação, realizadas desde 2003, quando concebi o Modelo, como o projecto final da ESPECIALIZAÇÃO EM PEDAGOGIA PARA O DESENVOLVIMENTO DA APRENDIZAGEM AUTÓNOMA, o de
Este modelo, baseado no desenvolvimento da aprendizagem autónoma, fez a diferença em muitos dos estudantes que tive a oportunidade de formar.

A primeira experiência foi desenvolvida com professores em formação do Projecto Curricular de Licenciatura em Química, com os quais desenvolvemos cerca de trinta hipertextos através da estratégia Aprender a ler com propósito e que foram considerados como uma experiência significativa para o Fórum Nacional de Educação 2006 e no pré-fórum: A cidade como um cenário educacional.

Um segundo aspecto muito importante foi como professor do ensino secundário no IE Rafael Bernal Jimenez em Bogotá, onde criei o Clube de Matemática Bernalino, uma experiência que me valeu um prémio em 2007, para apresentar o projecto no Terceiro Encontro Educativo do MERCOSUL, países associados e convidados onde tive a oportunidade de participar com todas as despesas pagas, juntamente com sete professores e dezasseis alunos em representação do nosso país.

Em 2012, como professor da USCO, desenvolvi como investigador principal o projecto menor "Implementação e avaliação do Modelo de mediação pedagógica para o desenvolvimento do pensamento matemático" com professores de vários municípios do Departamento e também incorporei o Modelo nas minhas aulas e como parte do programa de formação de professores.Em 2017, utilizámos o Modelo e as suas estratégias no âmbito do projecto do investigação "Aprender a estudar aulas de matemática no Club de Apoyo MATematico del Huila CAMATH" experiência que nos permitiu participar em eventos a nível local, nacional e internacional (Peru, Chile, México, Panamá, Cuba).

O Club de Apoyo MATematico del Huila no qual recebemos aos sábados crianças do ensino primário e secundário para desenvolver o seu amor pela matemática.

Estas são entre outras experiências significativas que hoje deixo nas páginas deste livro, esperando contribuir com o manual uma ferramenta de trabalho para a sala de aula de professores e formadores de professores, interessados em desenvolver competências e conhecimentos para que os alunos aprendam a aprender e os professores aprendam a ensinar a aprender.

MODELO DE MEDIAÇÃO PEDAGÓGICA PARA O DESENVOLVIMENTO DE CAPACIDADES DE PENSAMENTO E INVESTIGAÇÃO NA SALA DE AULA

O "Modelo de Mediação Pedagógica para o Desenvolvimento do Pensamento Matemático e da Capacidade de Investigação na Sala de Aula" **(MMPDPM-CIA)** é um modelo pedagógico-didáctico para o desenvolvimento da aprendizagem autónoma, através do qual se pretende que os professores adquiram fundamentos teóricos e práticos para dinamizar os processos de ensino e aprendizagem centrados no desenvolvimento do pensamento e da capacidade de fazer investigação na sala de aula.

No contexto desta investigação, o **MMPDPM-CIA** e os seus instrumentos foram utilizados como referências para a elaboração, monitorização e avaliação dos planos de lições.

Neste modelo assumimos que ser autónomo é ter uma motivação interior para manter por si próprio um processo contínuo de resignificação, actualização, renovação ou revalorização do conhecimento. Esta motivação é entendida em dois sentidos:

- O primeiro consiste em estar disposto ou querer e tem origem na própria pessoa (é a sua motivação interior).
- O segundo refere-se a um nível de desenvolvimento cognitivo que torna possível processar a informação necessária para produzir novos conhecimentos.

No modelo assumimos também que a aprendizagem é um processo de pensamento activo, socialmente mediado dentro de contextos e ambientes específicos, através do qual o aprendente implementa estratégias cognitivas e metacognitivas para activar conhecimentos anteriores, adquirir nova informação e utilizá-la para construir novos conhecimentos; neste sentido, a aprendizagem é também um resultado.

Sendo um modelo educacional, apresenta-se uma explicação global do processo ensino-aprendizagem; uso o termo "modelo" no mesmo sentido que quando se fala de um modelo físico, ou um modelo económico, mas neste caso o objecto de estudo é **o desenvolvimento do pensamento matemático**.

O problema que sustenta o modelo é a necessidade de "ensinar matemática a estudantes do ensino básico, secundário ou universitário em carreiras diferentes da matemática" porque "ensinar matemática" nestes contextos coloca um desafio, que é geralmente ignorado, devido à tendência dos professores de matemática para desenvolver os conteúdos da matemática, como se os alunos fossem matemáticos potenciais ou pelo menos partilhassem o gosto dos matemáticos por este tipo de conhecimentos.

Os objectivos do modelo são:

- Encontrar respostas à questão de *qual deve ser a acção do professor para o aluno desenvolver o pensamento matemático?* e outras que dele derivam e que estão relacionadas com a concepção de ambientes de aprendizagem centrados na competência do aprendente, avaliação e transferência de conceitos; apoiados pelo quadro teórico da pedagogia para o desenvolvimento da aprendizagem autónoma.

- Fornecer aos professores ferramentas para desenvolver uma prática auto-regulada e controlada através de processos de investigação formativa que lhes permitam formular novas generalizações, propostas e respostas.

- Contribuir activamente para a discussão sobre educação matemática, a sua relevância, conhecimentos desejáveis, metodologia, avaliação e aspectos a ter em conta na formação de professores de matemática.

Quando nos perguntamos: **qual deve ser a acção do professor para que o aluno desenvolva o pensamento matemático**? Estamos a pensar que os professores devem estar conscientes de que muitas das tarefas que propõem aos seus alunos exigem o uso de uma linguagem, técnicas e argumentos que vão para além da sua compreensão e, portanto, o **MMPDPM-CIA** utiliza um quadro teórico para explicar como se desenvolve o processo de compreensão de um objecto matemático, ao mesmo tempo que sugere um método para o professor ajudar os alunos na tarefa de desenvolver o pensamento matemático.

Além disso, assumimos a matemática como uma disciplina em mudança, em contínuo desenvolvimento e produto da criação humana, que é aperfeiçoada como resultado da actividade de grupos culturais específicos, localizados numa sociedade e num período histórico específico; consequentemente, devemos incorporar nos processos de formação dos alunos uma visão da matemática como uma actividade humana culturalmente mediada que tem um impacto na vida social, cultural e política dos cidadãos.

Ou, como dizem as Normas.

"..., é também necessário incorporar objectivos políticos, sociais e culturais na educação matemática, o que implica, como prioridade, ter em consideração o estado actual da sociedade, as suas tendências de mudança, e os futuros desejados para os quais o projecto de educação matemática está orientado. A incorporação destes objectivos na educação matemática requer o reconhecimento de que a educação matemática faz parte de um sistema de valores partilhados, que tem fundamentos éticos e que está embutida numa prática social.

Finalmente, é necessário passar do ensino orientado apenas para a realização de objectivos específicos relacionados com o conteúdo da área e para a retenção desse conteúdo, para um ensino orientado para apoiar os estudantes no desenvolvimento de competências matemáticas, científicas, tecnológicas, linguísticas e de cidadania..."

(MEN). (HOMENS.

2004a, p.48)

Desde 2012, graças ao apoio da Vice-Reitoria de Investigação e Projecção Social da Universidade Surcolombiana, com o financiamento do projecto "*implementação e avaliação do modelo de mediação pedagógica para o desenvolvimento do pensamento matemático*" foi possível trabalhar com professores de matemática em alguns municípios da Huíla, sendo os membros do grupo de investigação e as suas plântulas anexas, podendo contar entre outros resultados:

1 - Uma caracterização dos professores de matemática em sete municípios da Huíla e as principais dificuldades que expressaram sobre a sua prática pedagógica e a compreensão e utilização dos documentos de orientação do Ministério da Educação (na altura apenas inquirimos sobre as Directrizes Curriculares para a Área de Matemática, as Normas de Competência em Matemática e outras que conheciam, Em 2015, com base nestes resultados, nas preocupações que suscitaram e na realidade que conseguimos compreender, foram formuladas duas novas estratégias de mediação pedagógica para o desenvolvimento do pensamento matemático e a capacidade de investigar na sala de aula **EMPDPM-CIA**. Estas estratégias já foram aplicadas e avaliadas com 4 grupos de participantes, o que lhes confere um bom grau de fiabilidade. Estas estratégias são:

- Aprender a fazer e responder a perguntas, em e com a matemática
- Aprender a interpretar as produções dos estudantes

2 - A adaptação de estratégias pedagógicas de mediação ao estudo de problemas e

fenómenos didácticos. A investigação sobre Aprendizagem Baseada em Problemas em Didáctica da Matemática ABP-DDM tem sido desenvolvida desde 2012, como um trabalho cooperativo entre os grupos de investigação EMEMATIC da Universidade Tecnológica de Pereira e E.MAT.H da Universidade Surcolombiana, este processo já tem vários estudos de caso, que nos permitiram estudar alguns problemas didácticos e apresentar algumas propostas para o desenvolvimento de professores.

Representação do MMPDPM-CIA

O **Tangram chinês** é utilizado para representar o modelo, porque, como no jogo lendário, sete aspectos fundamentais são considerados no modelo para levar a cabo a tarefa de mediação:

- O Contexto,

- O conteúdo,

- O processo de aprendizagem,

- O aprendiz,

- O mediador,

- O grupo pequeno e o grupo grande,

- A investigação

O processo de avaliação.

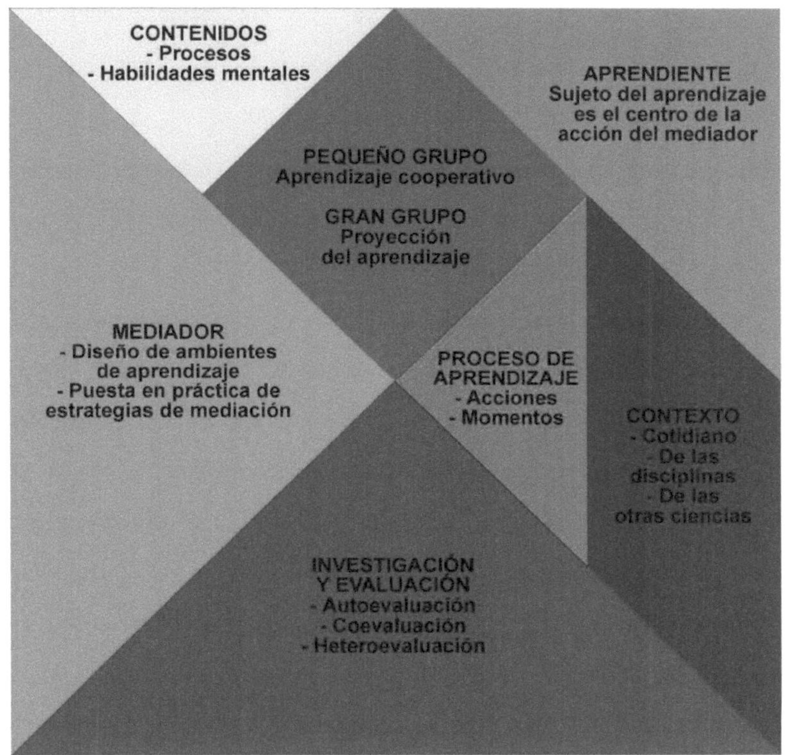

Ilustração 1: Representação do MMPD

- **Conhecimento ou conteúdo básico:** refere-se aos processos específicos do pensamento matemático e aos sistemas de matemática. Estes processos específicos estão relacionados com o desenvolvimento do pensamento matemático.

pensamento numérico e sistemas numéricos, pensamento espacial e sistemas geométricos, pensamento métrico e sistemas de medição, pensamento aleatório e sistemas de dados, e pensamento variacional e sistemas algébricos e analíticos. Referindo-se às Normas Curriculares para a área da Matemática, o conhecimento básico é o conhecimento teórico, produzido pela actividade cognitiva, rico em relações entre os seus componentes, possuindo um carácter declarativo e relacionado com *"... saber o quê e saber porquê..."* (MEN 2004a). (MEN. 2004a)

- **Processos de aprendizagem:** tais como: raciocínio, colocação eresolução de problemas, comunicação matemática, modelação e elaboração, verificação e exercício de procedimentos. Este tipo de

  Os processos estão relacionados com conhecimentos processuais ou práticos e referem-se às técnicas e estratégias para representar conceitos e transformar tais representações, também às capacidades e aptidões para seguir ou explicar procedimentos... *"o conhecimento processual ajuda à construção e refinamento do conhecimento conceptual e permite a utilização eficaz, flexível e em contexto de conceitos e proposições, teorias e modelos matemáticos; portanto, está associado ao saber como"* (MEN. 2004a. p, 50).

- **O contexto:** que tem a ver com os ambientes que rodeiam o aluno e que dão sentido à matemática que ele aprende e é constituído por situações problemáticas: - da mesma matemática da vida quotidiana e das outras ciências (contextos académicos e quotidianos), falamos também do contexto imediato para nos referirmos à sala de aula, contextos escolares ou institucionais e contextos extracurriculares ou socioculturais.

- **Avaliação:** é o olhar inquisitivo que é feito durante e após qualquer processo para verificar a sua eficácia e a realização da proposta, é da responsabilidade tanto do mediador como do aprendente e é considerado em três momentos: auto-avaliação que é a avaliação que se faz a si próprio

  durante e após a conclusão de um processo ou a realização de uma tarefa, a co-avaliação que é a avaliação cooperativa, ou seja, a discussão com outros, e a heteroavaliação que também é realizada de forma cooperativa e inclui não só o aprendente mas também o professor, o processo de ensino, os métodos e os meios.

- **Aluno:** é a pessoa que aprende ou sujeito do processo de aprendizagem, sobre a qual recai a acção do mediador.

- **Mediador:** responsável por orientar o processo de aprendizagem eacompanhar o aprendente durante o processo.

- **O Grupo:** é a célula do sistema, todos os alunos de um curso, por exemplo. A fim de acelerar e conseguir eficácia no desenvolvimento dos processos, este grande grupo está dividido em pequenos grupos para promover a aprendizagem cooperativa, estes pequenos grupos são formados por

  vários alunos da mesma turma num número que varia entre quatro e dez. No caso das crianças pequenas e mesmo dos alunos mais velhos, propõe-se dividir a sala de aula em quatro espaços considerando os quatro mega blocos que agrupam os conhecimentos matemáticos: números, espaço, objectos e tempo, cada um destes espaços é chamado um canto do conhecimento.

O MMPDPM-CIA em Acção

No **MMPDPM-CIA**, os sete aspectos fundamentais estão localizados; recorrendo às características de tamanho das sete peças do TANGRAM. A investigação e avaliação e o mediador (grandes triângulos) fazem metade do todo e o seu tamanho é igual porque, para desenvolver as capacidades de pensamento e investigação, a tarefa do mediador é fundamental, uma vez que ele é responsável pela concepção das estratégias para os seus aprendentes desenvolverem as capacidades de pensamento necessárias para alcançar a autonomia e quando uma pessoa alcançou a autonomia é capaz de avaliar os processos, a sua capacidade de aprender e a forma como aprende. As três peças seguintes: o aprendente (triângulo médio), o contexto (paralelogramo) e o grupo pequeno e grande (quadrado) são de tamanho igual e igual a metade dos dois anteriores, uma vez que é neles que se realiza a tarefa de mediação e o processo de avaliação e os dois últimos cujo tamanho é igual e igual a metade dos dois anteriores (triângulos pequenos): o processo de aprendizagem e os conteúdos referem-se ao que se deve aprender e como se deve aprender, e é o aprendente que os fortalece e se fortalece neles à medida que se desenvolve.

Ao jogar com **o TANGRAM** pode observar *o modelo em acção, uma* vez que as mil formas que o jogo pode assumir, ilustram como as diferentes peças interagem de acordo com a fase de desenvolvimento do pensamento em que está a trabalhar, vejamos uma sequência: Numa primeira

O apoio é o contexto e o aprendente, encaixando correctamente é possível perceber como o aprendente começa a incorporar os elementos da sua própria experiência.

ao que aprende, dá sentido ao conteúdo e desenvolve competências para chegar ao pequeno grupo, a direcção é dada pelo mediador e o processo de investigação e avaliação.

Na segunda fase (**O SERVIÇO**), que como sabemos é conduzido pela cauda, o mediador e a investigação e o avaliação, ao mover o corpo (o contexto, o aluno, os conteúdos e o processo), as estratégias cognitivas e metacognitivas começam a tornar-se mais dinâmicas, e a cabeça como o cérebro, o grupo, porque os primeiros resultados da aprendizagem cooperativa começam a ser notados.

A terceira etapa **(O VIAGENTE)** apoiada pelo aprendente e pelos conteúdos e impulsionada pelo contexto, mostra como tem sido reforçada.

esta relação, as funções digestivas "valem a metáfora" dinamizadas novamente pelo mediador e pelo processo de investigação e avaliação, com maior responsabilidade do que na fase anterior; o seu equilíbrio no braço: o processo de aprendizagem e à cabeça o pequeno e o grande grupo como o cérebro do processo.

Quarta etapa: **(O AVE)** apoiado pelos conteúdos e pelo processo de aprendizagem, fazendo referência à terceira dimensão da aprendizagem proposta por Marzano (2000); o seu mediador de asas e processo de investigação e avaliação, que lhe permite voar para conhecer outros mundos, no seu pescoço que orientam: o aprendiz em estreita relação com o contexto, e a visão partilhada pelo grupo à cabeça.

Numa sexta fase **(O HOMEM QUE PROJECTA)**, há o aprendiz autónomo em estreita relação com o contexto e proporcionando equilíbrio. Dinamizado pela investigação e pelo processo de avaliação e o mediador, nos seus braços "mostram" o processo de aprendizagem desenvolvida (competências adquiridas e postas em prática) e conhecimentos construídos pelo aprendente... à sua frente: o grande grupo.

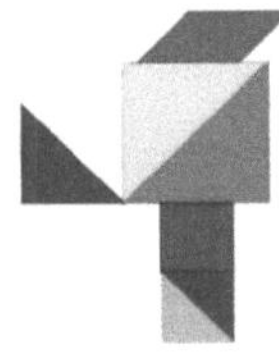

Quinta fase **(INFORMAÇÃO)**, apoiada pelos conteúdos, processo de aprendizagem e grupo, fornecida pela investigação e avaliação, o mediador e o contexto (registar a posição) e o contributo do aprendente, como sinal de que nesta fase o aprendente está em processo de aprendizagem, e que está em processo de aprendizagem.

a capacidade de obter informação, catalogá-la e escolher a melhor e mais importante informação para si, e a partir dela construir nova informação. A metáfora refere-se à segunda dimensão da aprendizagem proposta por Marzano.

O papel do mediador

Neste modelo, *o professor* deve tornar-se o mediador entre a informação e o aprendente, fornecendo as ferramentas para o aprendente construir e aprender com a sua própria experiência; à medida que o aprendente avança no processo, a intervenção do mediador deve diminuir e a eficácia será alcançada na medida em que o aprendente aprende a aprender independentemente. Na medida em que esta autonomia é alcançada, o aprendente deve ser capaz de avaliar o que aprendeu, como aprendeu, e identificar os seus pontos fortes e dificuldades; este aspecto será alcançado quando o aprendente for capaz de aplicar o que aprendeu em contextos novos e diferentes daqueles em que aprendeu e for capaz de empreender os seus próprios caminhos de investigação.

O professor concebe ambientes de aprendizagem propícios para o aluno experimentar e construir novos conhecimentos e também fornece as ferramentas para o aluno avançar para alcançar a independência, por outras palavras "a autonomia para aprender", para tornar isto possível é a tarefa do professor, incentivar o desenvolvimento do pensamento relacionado com hábitos mentais produtivos, que têm a ver com o que finalmente será capaz de fazer o aluno quando estiver fora do sistema escolar, Marzano classifica estes hábitos em três grupos, nomeadamente: hábitos mentais de auto-regulação, hábitos de pensamento crítico e hábitos de pensamento criativo. [1]

---

[1] MARZANO, op. cit. Cit., p. 14

O aprendiz

Ao desenvolver esta forma de pensar, o aprendente estará consciente de aspectos como por exemplo

a. O conhecimento é dinâmico e por isso a sua tarefa pessoal é actualizar e actualizar constantemente a informação que possui;

b. o processo de aprendizagem não termina quando se termina um curso ou quando se recebe um diploma;

c. o trabalho tem de ser bem feito e cooperativamente porque os esforços conjuntos conduzem a melhores resultados;

d. não é suficiente detectar os problemas, é necessário propor soluções alternativas;

e. as ideias devem ser apoiadas com argumentos razoáveis e

f. o primeiro objecto de crítica é ele próprio e as actividades ou tarefas que executa.

Fases de implementação do MMPDPM-CIA

Para realizar a sua tarefa, o mediador deve conceber *cursos pedagógicos de acção de* acordo com o que espera desenvolver no aluno; há *quatro aspectos fundamentais no trabalho de mediação para alcançar o desenvolvimento do pensamento e a capacidade de investigar:* motivar o estudante a aprender gerando um ambiente em que descobre que é capaz de aprender, ensinando o estudante a ligar novas informações com conhecimentos anteriores através da utilização da matriz SQAT [2], concebendo ambientes de aprendizagem em que o estudante tem a possibilidade de materializar os conceitos que não encontra na sua vida diária, e encorajando a leitura, escrita e compreensão geral da terminologia e simbolismo das ciências para melhorar a comunicação e a possibilidade de aceder à informação.

Figura 2: Matriz SQAT na actividade de planeamento

---

[2] A MUDANÇA CONCEITUAL MATRIZ SQAT é utilizada em dois momentos. **O mediador** utiliza-o como um instrumento para planear o curso da acção pedagógica (Instrumento de planificação). **O aprendente:** utiliza-o como um activador cognitivo, faz o exercício preliminar de preenchimento da matriz, para fornecer informações que permitam ao mediador conhecer o estado dos seus conhecimentos anteriores. SQAT, (O que sei, O que quero saber, O que aprendi, fenómenos T que dão sentido ao objecto?) é importante não compreender a prática de transferência com as aplicações da matéria tradicionalmente oferecida pelos professores ou encontrada nos livros escolares.

Finalmente, para implementar o modelo é considerado um tema generativo, e a linha de acção pedagógica para o pôr em prática está dividida em .quatro unidades, nomeadamente

- **Unidade Um**: Aprender a orientar o curso de acção (a sala de aula): a matriz de mudança conceptual SQAT é utilizada como ferramenta de planeamento.

  - **Fase1 . Cognitiva de activação** Determinação do conhecimento prévio conhecimentos prévios necessários para aprender o tópico

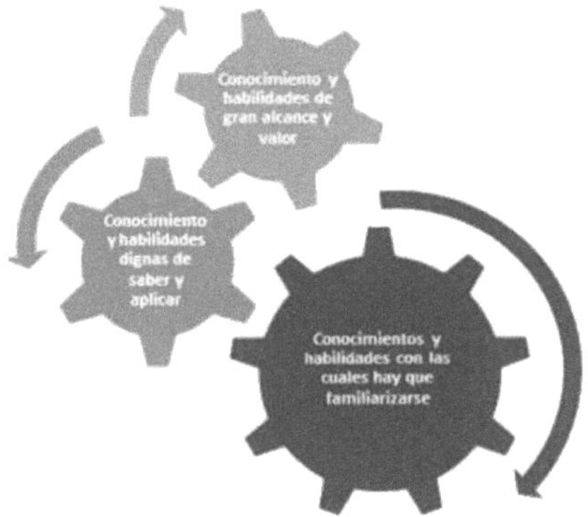

Fase 1 o Mediador toma decisões
O que ensinar? O que ensinar?

- **Unidade 2.** Aprender a conhecer através da construção consciente de conceitos,

  - **Fase 2. Desenvolvimento de competências para conceptualizar**

- **Unidade 3.** aprender a avaliar o que sabemos

  Fase 3. Utilização de estratégias cognitivas e metacognitivas para recolher provas sobre a aprendizagem.

  - Um aprendente é autónomo quando

    ✓ Desenvolveu atitudes e percepções positivas sobre a aprendizagem

    ✓ Desenvolveu competências que lhe permitem construir

e integrar conhecimentos.

- ✓ É capaz de melhorar e aprofundar o que sabe.

- ✓ Possui as competências que lhe permitem utilizar de forma significativa os conhecimentos construídos

- ✓ Desenvolveu hábitos mentais produtivos

- **Unidade 4.** Aprender a utilizar o conhecimento - Transferir

   - Tirar partido das possibilidades da transferência, observando:

      - ✓ Como uma coisa pode ser aplicada à outra,

      - ✓ Como se pode utilizar amplamente o que se aprende,

      - ✓ Como uma coisa pode ser entendida como uma função da outra.

Fase 4. Elaboração de perguntas contextualizadas

Sobre a competência matemática (Pisa -D 2015)

Uma referência importante para nós é o Quadro de Avaliação e Análise PISA para o Desenvolvimento: Leitura, Matemática e Ciência, que define a competência matemática como se segue: "A *competência matemática é a capacidade de um indivíduo formular, empregar e interpretar a matemática em diferentes contextos. Inclui o raciocínio matemático e a utilização de conceitos, procedimentos, ferramentas e factos matemáticos para descrever, explicar e prever fenómenos. Isto ajuda os indivíduos a reconhecer a presença da matemática no mundo e a fazer julgamentos informados e decisões necessárias por cidadãos construtivos, empenhados e reflexivos".* (OCDE. 2017. P. 63), e também incluímos na prática um esquema de exemplo do modelo de competência matemática.

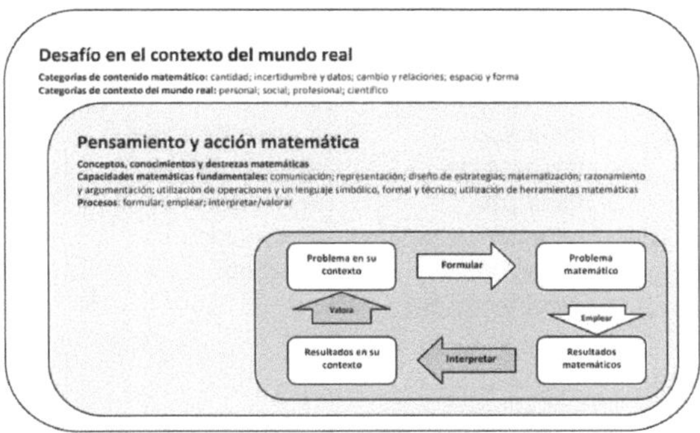

Ilustração 4: Competência matemática na prática (OCDE. 2013. p- 11).

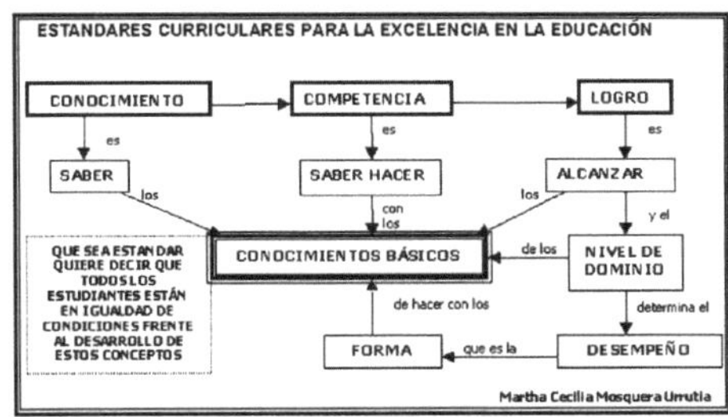

Ilustração 5: Conhecimento, competência e realização. (Produção própria)

Relação entre processos matemáticos (linha superior) e competências matemáticas fundamentais (coluna mais à esquerda)

	Formulação matemática das situações	Utilização de conceitos, dados, procedimentos e raciocínio	Interpretação, aplicação e avaliação dos resultados matemáticos
Comunicação	Ler, descodificar e interpretar o declarações, perguntas, trabalhos de casa, objectos ou imagens, para criar um modelo mental da situação.	Articular uma solução, mostrar o trabalho associado à obtenção da solução e/ou resumir e apresentar resultados matemáticos intermédios.	Desenvolver e apresentar explicações e argumentos no contexto do problema.

Identificar variáveis e estruturas matemáticas subjacentes ao problema do mundo real e formular hipóteses para que possam ser utilizadas. No PISA-D, "a selecção de um modelo adequado ao contexto de problemas do mundo real" foi incluída.	Usando a compreensão contextual para orientar ou acelerar o processo de resolução matemática, por exemplo, trabalhando em a um nível de precisão adequado ao contexto.	Compreender o alcance e os limites de uma solução matemática que são o resultado do modelo matemático utilizado.	Identificar o variáveis e estruturas matemáticas subjacentes ao problema do mundo real e formulação de hipóteses para que possam ser utilizadas, o PISA-D incluiu "a selecção de um modelo adequado para o contexto dos problemas do mundo real.
Criar uma representação matemática da informação do mundo real. No PISA-D, "seleccione uma representação apropriada ao contexto" foi incluída.	Interpretar, relacionar e utilizar diferentes representações quando se interage com um problema.	Interpretar resultados matemáticos em diferentes formatos em relação a a uma situação ou utilização; para comparar ou avaliar duas ou mais representações em relação a uma situação.	criar uma representação matemática da informação do mundo real. No PISA-D, "seleccione uma representação apropriada ao contexto" foi incluída.
Representação	Criar uma representação matemática da informação do mundo real. No PISA-D, "seleccione uma representação apropriada ao contexto" foi incluída.	Interpretar, relacionar e utilizar diferentes representações quando se interage com um problema.	Interpretar resultados matemáticos em diferentes formatos em relação a a uma situação ou utilização; para comparar ou avaliar duas ou mais representações em relação a uma situação.

Raciocínio e argumentação	Explicar, defender ou fornecer uma justificação da representação identificada ou elaborada de uma situação do mundo real.	Explicar, defender ou fornecer uma justificação para os processos e procedimentos utilizados para determinar um Relacionar dados para chegar a uma solução matemática, fazer generalizações, ou desenvolver um argumento em várias etapas. No PISA-D, foi acrescentada a expressão "seleccione uma justificação apropriada".	Reflectir sobre soluções matemáticas e desenvolver explicações e argumentos. que apoiam, refutam, ou fornecem uma solução matemática a um problema contextualizado.

Ilustração 6: Relação entre processos matemáticos e competências fundamentais (OCDE. 2015. p- 7

Alguns níveis de competência matemática na compreensão significativa:

Ilustração 7: Níveis de competência matemática. Produção própria.

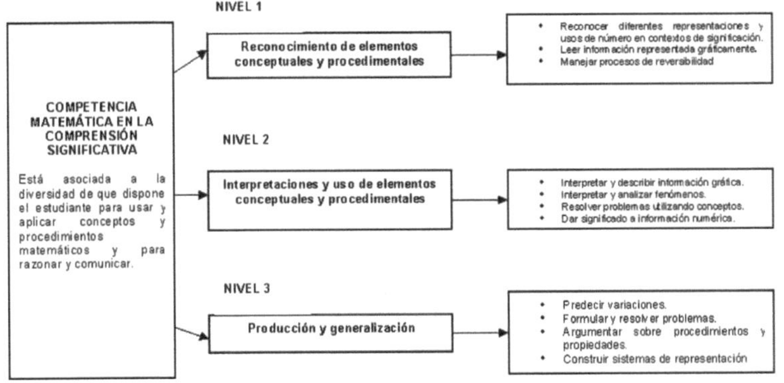

21

ESTRATÉGIAS PEDAGÓGICAS DE MEDIAÇÃO PARA O DESENVOLVIMENTO DO PENSAMENTO MATEMÁTICO E A CAPACIDADE DE INVESTIGAR NA SALA DE AULA EMPDPM-CIA

Os **EMPDPM-CIA** são 10 hábitos ou costumes académicos que proponho como actividades ideais para desenvolver o **MMPDPM-CIA.** Estes hábitos têm sido sempre trabalhados desde 2003, quando o **MMPDPM-CIA** foi formulado.

Introdução

Na busca de um quadro em que contextualizar o ensino da matemática nos deparamos frequentemente com reflexões como a do Dr. Francisco Herrán na sua

A conferência "Fazendo Matemática" ou as múltiplas interpretações que têm sido feitas ao longo dos tempos da característica universal em Leibniz ou aquelas sombras de que Platão falou na parábola da caverna; talvez para explicar que na matemática escolar a aprendizagem de princípios tem sido sacrificada em favor da aprendizagem e repetição de algoritmos, cálculos de rotina e uma base operativa que, não sendo apoiada pela teoria que a sustenta, é estéril em si mesma.

Consequentemente, penso que quem ensina matemática deve deixar um certo grau de liberdade ao aluno para que este aprenda a pensar, a abstrair, a exemplificar e a aplicar; e a orientar o seu trabalho para a resignificação do conhecimento, procurando clarificar as teorias matemáticas que o sustentam. Para o conseguir, é necessário em primeiro lugar: "aprender a conhecer", por outras palavras, desenvolver capacidades de pensamento que permitam atingir níveis elevados de conceptualização de modo a que tanto o aprendente como aquele que medeia entre ele e o conhecimento, possam identificar que conhecimento prévio é necessário "ter claro" para ter acesso à aprendizagem de um tópico; em segundo lugar: "aprender a estabelecer objectivos de aprendizagem" que permitem empreender caminhos que têm início e de alguma forma "fim", em terceiro lugar "aprender a avaliar" e confrontar a validade do conhecimento construído através da utilização de estratégias metacognitivas, em quarto lugar "aprender a utilizar os recursos" que a tecnologia nos oferece para melhorar a aprendizagem da parte operativa e finalmente "aprender a transferir" encontrando contextos em que os conceitos construídos adquirem significado.

O papel do mediador

Por outro lado, a tarefa de mediação não deve ser reduzida apenas ao fornecimento de experiências ou materiais concretos para que os estudantes construam conceitos, uma vez que aprender matemática (para alguns, aprender a pensar), supõe, em primeiro lugar, que os estudantes têm de aprender a pensar.

Primeiro: aprender o mecanismo das operações (algoritmos), segundo: aprender o significado das operações, ou seja, o valor significativo que têm e que é necessário conhecer bem para traduzir determinadas situações através de linguagem simbólica, e terceiro: aprender a procurar padrões e fazer generalizações; para o conseguir é necessário desenvolver capacidades mentais de ordem superior, tais como: comparar, deduzir, induzir, ordenar, classificar, reconhecer, analisar, resolver problemas e tomar decisões, entre outras.

Para aproximar os estudantes deste tipo de aprendizagem, proponho-me trabalhar no desenvolvimento de oito hábitos ou costumes académicos, a que chamo "hábitos académicos".

ESTRATÉGIAS PEDAGÓGICAS DE MEDIAÇÃO PARA O DESENVOLVIMENTO DO PENSAMENTO MATEMÁTICO E DAS CAPACIDADES DE INVESTIGAÇÃO NA SALA DE AULA

Os **EMPDPM-CIA** são 10 hábitos ou costumes académicos que proponho como actividades ideais para desenvolver o **MMPDPM-CIA**. Estes hábitos têm sido sempre trabalhados desde 2003, quando o **MMPDPM-CIA** foi formulado:

1. Entrar em Contacto com Pessoas que Fazem Matemática

"Compreender os modos de pensar e o raciocínio utilizado pelos teóricos para chegar aos conceitos", embora possa parecer ousado citar, por exemplo, Leibniz e a sua "característica universal" no sentido de como é útil e instrutivo procurar e compreender a origem das invenções, despojadas das transformações por que passaram ao longo dos tempos, como uma forma significativa de aprender a fazer, ou dominar a verdade para ir além da capacidade de repetir o conhecimento que nos foi ensinado.Desenvolver nos alunos o hábito de procurar a razão dos conceitos, através da leitura, participação e participação activa em reuniões, fóruns, colóquios, simpósios, conferências, trabalho com pares académicos e investigadores, para que compreendam que fazer matemática é uma actividade que vai além da simples aprendizagem e repetição de algoritmos.

Penso que é importante notar a favor desta estratégia que quando se lê um texto ou um artigo numa revista e depois se tem a oportunidade de falar directamente com o autor, e ele nos diz como faz o seu trabalho, os horizontes são alargados, e a mente é aberta, tornando possíveis novas formas de pensar.

2. Aprender como demonstrar

Para argumentar e pôr ideias em ordem, usando linguagem matemática para explicar os procedimentos de forma clara e precisa... aqui o trabalho com processos de reversibilidade adquire grande importância.

Não se trata apenas de fazer as operações, trata-se de fazê-las com um objectivo específico! Encontrar o sentido neles e verificar se têm razão... e não apenas com as operações, mas com os problemas e actividades em geral; aprender a questionarmo-nos sobre a forma de demonstrar a aprendizagem e de construir o sentido dos produtos produzidos, com base nos procedimentos lógicos e nas regras e critérios necessários para os avaliar.

3. Contar a Outros sobre as Nossas Descobertas

Mesmo neste momento, quando os construtivistas sentem que atingiram o clímax da sua teoria, há muitos que pensam que não é possível construir conhecimentos matemáticos (entre outros, porque os conhecimentos matemáticos são pensados como algo acabado desde o início).aprender a socializar os resultados do trabalho, encontrar mecanismos para fazer os outros compreender o que estamos a falar, escrever ensaios ou comunicações, conceber conferências, aprender a demonstrar a aprendizagem concebendo e pondo em prática projectos de aprendizagem que são elaborados a partir dos resultados obtidos na consulta (ou investigação?), para resolver os problemas que surgem nas reuniões ou nas mesmas aulas.

4. Aprender a encontrar contextos em que os conceitos adquirem significado

Ou aprendendo a transferir, a transferência é entendida como um fenómeno de pensamento e aprendizagem humana que procura adquirir conhecimento num contexto e depois pô-lo a funcionar noutros, aplicando estratégias e predisposições ao pensamento em vários contextos, ligando áreas de conhecimento aparentemente diferentes, vendo como um informa o outro, tornando visíveis as teorias matemáticas que suportam a teoria das diferentes áreas de conhecimento.

5. Aprender a Jogar

Neste ponto deve ficar claro que não faz sentido jogar por jogar, mas que por detrás de cada jogo existe uma clara intenção de aprendizagem, uma vez que em matemática se "joga para aprender a pensar". Esta estratégia procura encontrar nos jogos oportunidades para estabelecer regras e segui-las, seguir instruções, fazer estimativas, testar hipóteses, fazer diagramas; e na análise dos jogos, a aplicação de conceitos. Para a apoiar, basta observar o alcance que a teoria do jogo atingiu actualmente em vários ramos da engenharia, ciências económicas e administrativas, para não mencionar outras áreas em que o jogo é utilizado de forma bastante eficiente na construção do significado e no desenvolvimento do pensamento.

6. Aprender a Ler e a Escrever com Finalidade

Aprender a ler para obter a informação necessária para aprender a pensar... seguir instruções, compreender um problema, aceder à informação fornecida pelo contexto (académico ou diário), ler os clássicos para compreender a razão dos conceitos, são os desafios mais difíceis de enfrentar, especialmente quando nos encontramos num contexto em que os aprendentes não lêem, e se o fazem por obrigação, a sua compreensão é muito baixa, associando novamente este problema a baixos níveis de conceptualização, neste caso sobre a leitura.

No "processo metodológico" é muito produtivo fazer a leitura em voz alta e continuar a construir explicações e perguntas em conjunto com os alunos à medida que avançam no processo. Redacção de ensaios, exposições, procedimentos, problemas .....

7. Aprender a utilizar as TIC

Aprender a utilizar ferramentas tecnológicas, tais como gráficos, algébricas, calculadoras científicas, manipular software específico em diferentes áreas, fazer gráficos, resolver equações, matrizes, etc., a fim de deixar os modelos centrados no ensino de algoritmos e conteúdos declarativos, passar à compreensão e aplicação de modelos centrados no desenvolvimento de capacidades de pensamento, poupar tempo e reduzir esforços, este tempo que é ganho, pode ser utilizado na interpretação e análise.

8. Formação de pessoas

O último aspecto, talvez o mais importante, consiste em "formar pessoas" com atitudes positivas em relação à aprendizagem, à melhoria pessoal, possuindo hábitos mentais de auto-regulação, abertos à inovação, e das ferramentas que lhes permitem avançar até alcançarem a independência; por outras palavras, "a autonomia para aprender". Para tornar isto possível, é tarefa do professor fomentar o desenvolvimento de pensamentos relacionados com hábitos mentais produtivos, que têm a ver com o que o aluno será finalmente capaz de fazer quando estiver fora do sistema escolar: hábitos de auto-regulação da mente, hábitos de pensamento crítico e hábitos de pensamento criativo3 .. Ao desenvolver esta forma de pensar, o aprendente estará consciente de que o conhecimento é dinâmico e que, portanto, a sua tarefa pessoal é actualizar e actualizar constantemente a informação que possui, que o processo de aprendizagem não termina quando um curso é concluído ou quando um diploma é recebido, que o trabalho deve ser bem feito e cooperativamente porque os esforços conjuntos conduzem a melhores resultados, que não é suficiente detectar problemas, mas que devem ser propostas soluções alternativas, que as ideias devem ser apoiadas com argumentos razoáveis, e que o primeiro objecto de crítica é a si próprio e as actividades ou tarefas que se realizam.

Mais duas estratégias

Desde 2012, graças ao apoio da Vice-Reitoria de Investigação e Projecção Social da Universidade Surcolombiana, com o financiamento do projecto Dos estratégias mais *"implementação e avaliação do modelo de mediação pedagógica para o desenvolvimento do pensamento matemático"* foi possível trabalhar com professores de matemática de alguns municípios da Huíla, com os membros do grupo de investigação e as suas plântulas anexas, podendo contar entre outros resultados:Uma caracterização dos professores de matemática de sete municípios da Huíla e as principais dificuldades que expressaram sobre a sua prática pedagógica e a compreensão e utilização dos documentos orientadores do Ministério da Educação Nacional (na altura apenas inquirimos sobre as Directrizes Curriculares para a Área de Matemática, as Normas de Competência em Matemática e outras que conheciam, Em 2015, com base nestes resultados, nas preocupações que suscitaram e na realidade que conseguimos compreender, foram formuladas duas novas estratégias de mediação pedagógica para o desenvolvimento do pensamento matemático e a capacidade de investigar na sala de aula **EMPDPM-CIA**. Estas estratégias já foram aplicadas e avaliadas com 4 grupos de participantes, o que lhes confere um bom grau de fiabilidade.

9: Aprender a formular e responder a perguntas, em e com a matemática Aprender a formular e responder a perguntas (problemas, desafios) em e com a matemática, é uma das maiores provas da autonomia de um professor, fazendo perguntas, respondendo de diferentes maneiras, estabelecendo ligações eficazes entre os conhecimentos... para formular a estratégia que tomámos a definição de competência matemática da Niss (2002): *"Capacidade de compreender, julgar, fazer e usar a matemática numa variedade de situações em que a matemática desempenha ou pode desempenhar um papel".* e para o pôr em prática foram utilizadas algumas propostas do Livro I dos Elementos de Euclides.

---

[3]MARZANO, Robert J. DIMENSIONS OF LEARNING. Adaptado por INSUASTY, Luís Delfín. ESPECIALIZAÇÃO EM PEDAGOGIA PARA O DESENVOLVIMENTO DA APRENDIZAGEM AUTÓNOMA. UNAD - Guia C do CAFAM Página 7.

Ilustração 8: Estratégia de perguntas e respostas , ciclo

questão contextualizada

10. Aprender a interpretar as produções dos estudantes

Aprender a "ler" o que está por detrás das respostas dos estudantes, compreender os seus silêncios, a sua impaciência e mesmo o seu desespero... a estratégia é formulada porque embora seja verdade que se conseguiu um certo grau de progresso na medida em que os professores em formação podem incluir nos seus aspectos de planeamento "os possíveis erros dos estudantes..." assim como as causas desses erros, as rubricas que geram carecem de alguns aspectos que lhes permitam "valorizar" as produções dos estudantes: com a implementação da estratégia, conseguiu-se que os professores avaliassem as produções dos seus alunos e a partir dos resultados as actividades de concepção para melhoria, manutenção ou projecção.

Aprendizagem baseada em problemas PBL

Entendemos a Aprendizagem Baseada em Problemas (PBL) como um método didáctico que permite ao aluno ensinar, desenvolver competências, conhecimentos e capacidades que lhe permitem identificar, analisar e propor soluções alternativas aos problemas de ensino e/ou aprendizagem de Matemática, de forma eficaz, eficiente e humana, utilizando principalmente a Investigação como Estratégia Pedagógica (IEP), o objectivo que perseguimos ao utilizar a PBL é desenvolver competências para compreender os resultados da investigação em Didáctica para contextualizar a

Matemática e situações, de modo a melhorar profissionalmente.

LINHA DE ACÇÃO PARA ALCANÇAR OS OBJECTIVOS

TEMA GENERATIVO:

Perguntas orientadoras

Concepção de ambientes e exercício de estratégias de mediação pedagógico-didáctica para o desenvolvimento do pensamento matemático e a capacidade de investigar na sala de aula.

- Como seria a mediação?
- Como deve ser a acção do professor para que o aluno desenvolva o pensamento matemático?
- Como planear o ensino de uma disciplina?
- Como avaliá-lo?

- Como transferir conceitos em espaços académicos? Em espaços do quotidiano?

Finalidade do projecto

Através de um modelo pedagógico que favorece o desenvolvimento da aprendizagem autónoma, pretendo assegurar que os futuros professores adquiram fundamentos teóricos práticos para dinamizar os processos de aprendizagem centrados no desenvolvimento do pensamento matemático. Apresento como exemplo o ensino e aplicação de fracções a crianças da terceira classe, utilizando o tangram como material didáctico.

CONCEPÇÃO DE AMBIENTES E EXERCÍCIO DE ESTRATÉGIAS DE MEDIAÇÃO PARA O DESENVOLVIMENTO DO PENSAMENTO

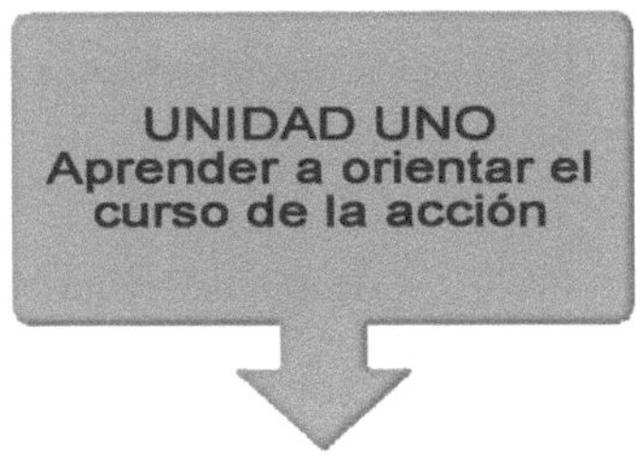

MATEMÁTICO.

Âmbito do tópico por unidade Utilizar a matriz de mudança conceptual SQAT como um

Ferramenta essencial para definir as etapas da classe.

Utilizar estratégias didácticas e materiais de apoio

relevantes para orientar a construção de conceitos.

Tópicos a desenvolver - Natureza do conhecimento matemático

• SQAT Matriz de Mudança Conceptual

• Aprender matemática

Intensidade horária X horas

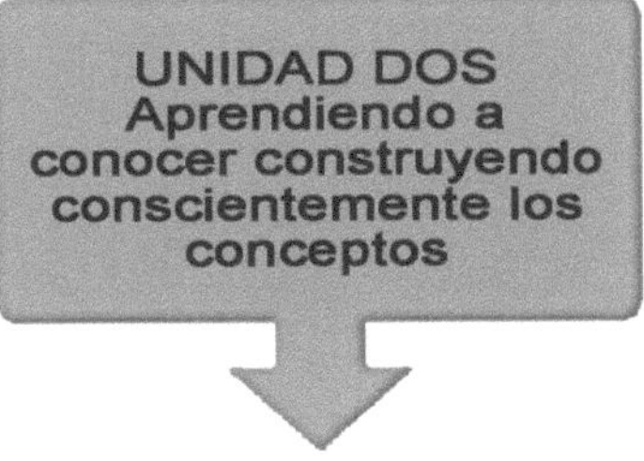

Âmbito do tema por unidade Desenvolver capacidades de conceptualização

31

Desenho de cursos pedagógicos de acção

ajustados à competência do aluno.

Utilizar estratégias cognitivas para

construir uma aprendizagem significativa.

Temas a desenvolver   - • Construção do conceito

• Conceptualização

• O conceito de fracção e as suas

diferentes interpretações

Intensidade horária   X horas

Âmbito do tema por unidade   Utilizar diferentes técnicas e métodos de

avaliação Utilizar estratégias metacognitivas para fazendo
sentido a aprendizagem

Tópicos a serem desenvolvidos   - A avaliação

• A fracção, interpretações e utilização

Intensidade horária   X Horas

Âmbito do tema por unidade Praticar a transferência de conceitos para contextos.

académico e quotidiano

Temas a desenvolver - Ensinar a transferir

- A questão contextualizada

- Contextos que tornam o conceito de fracções

significativo

CAPACIDADES DE PENSAMENTO, ATITUDES E HÁBITOS QUE SERÃO EXERCITADOS DURANTE O DESENVOLVIMENTO DO PROJECTO.

Habilidades de Pensamento

- Comparar e contrastar
- Interpretação
- Ranking
- Indução
- Dedução
- Observação
- Tomada de decisões

Atitudes e valores

- Respeitar a utilização do piso e a contribuição de outros.
- Encorajar o sentido de ordem
- Desenvolver a segurança e a autonomia no trabalho
- Reconhecer a capacidade de desenvolver o trabalho
- Participar activamente nas aulas e cooperar com os colegas de turma na procura

de soluções.

- Valorização das contribuições pessoais e de terceiros
- Estar interessado na procura de soluções inovadoras.

- Assumir atitudes positivas em relação à aprendizagem

- Reflectir sobre o papel do mediador na construção do conhecimento.

- Apreciar a importância do ensino

Hábitos e práticas

- Fazer perguntas para ajudar o aprendente a activar conceitos anteriores em relação a um conteúdo de aprendizagem.

- assumir uma atitude crítica e reflexiva em relação ao trabalho realizado por si próprio e pelos outros.

- planear acções adaptadas à competência do aprendente

- conceber ou utilizar materiais didácticos para permitir ao aprendente experimentar

- ajudar a verificar e controlar o que foi aprendido através da implementação de estratégias cognitivas e metacognitivas

- trabalhar e contribuir como uma equipa

OBJECTIVOS DISCIPLINARES E DE PENSAMENTO COMPETÊNCIAS A DESENVOLVER DURANTE A IMPLEMENTAÇÃO DO PROJECTO

O que os alunos precisam de saber

O que é que os alunos devem entender como resultado do curso de acção?

- Explicar, utilizando argumentos claros e precisos, as vantagens da matriz de mudança conceptual SQAT como ponto de partida para a mediação.

- Ligação de ideias anteriores a novos conceitos como estratégia de aprendizagem

- Utilizar critérios apropriados para decidir sobre o material didáctico e a estratégia didáctica a utilizar para familiarizar um aprendente com um tópico.

- Estabelecimento de critérios consistentes para avaliar a aprendizagem

O que os estagiários precisam de saber fazer

O que devem os aprendentes saber fazer como resultado do curso de acção

Preencher uma matriz SQAT ideal como ponto de partida para um curso de acção pedagógica para o ensino de um conceito.

- Utilizar os dados recolhidos na matriz SQAT para planear uma unidade de aprendizagem.

- Utilizar estratégias: cognitivas e metacognitivas para dar sentido à aprendizagem aprendizagem

- Utilizar estratégias didácticas e de aprendizagem para orientar os outros no processo de construção de significado.

- Formular perguntas para orientar a investigação e os processos de transferência de conceitos.

CURSO DE ACÇÃO PARA ALCANÇAR OS OBJECTIVOS

UNIDADE UM APRENDER COMO ORIENTAR O CURSO DE ACÇÃO

Conteúdo do concurso

O que os alunos precisam de saber

Conhecimentos Essenciais

- Modelo (a classe)

- Ensinar

- Aprendizagem

- Natureza do conhecimento matemático

- Estratégia

- Método

- Conceito

- Matriz de mudança conceptual

- Conflito cognitivo

- Objectivo

- Concurso
- Realização

- Norma

- Unidade de aprendizagem

O que os alunos precisam de saber como

fazer Competências e Habilidades

- Reconhecer os conhecimentos anteriores

- Formular critérios para tomar uma decisão

- Analisar

- Comparar

- Interpretar

- Reflectir sobre o âmbito de um tópico

- Identificar o conceito desenvolvido em diferentes contextos

- Reconhecer e utilizar a informação de forma apropriada

- Perceber analiticamente as partes que constituem um todo.

Atitudes e valores

- Valorizar a importância dos conhecimentos anteriores na construção de novos conceitos.

- Desenvolver a segurança no trabalho

- Reconhecer a capacidade de executar uma tarefa

- Partilhar realizações e limitações com outros

- Sensibilizar para a responsabilidade do professor na formação do aprendente.

- Planear acções com as pessoas em mente

- Estar interessado na procura de soluções inovadoras.

- Respeitar e valorizar a opinião dos outros.

Hábitos e práticas

- Assumir uma atitude de reflexão crítica sobre os modelos (a turma).

- Planear acções adaptadas à competência do aprendente

- Avaliar criticamente os resultados de um processo

- Iniciar acções correctivas quando tiverem sido identificados erros

- Prática de diferentes métodos de comunicação de uma teoria

- Pesquisar o alcance de um conteúdo

- Orientar a percepção através da definição precisa dos objectivos

- Fazer com que o aprendente analise as tarefas em pormenor

OBJECTIVOS A ATINGIR COM A UNIDADE

O que os alunos precisam de saber

O que é que os alunos devem entender como resultado desta unidade?

- O âmbito da matriz de mudança conceptual do SQAT no planeamento de

uma unidade de aprendizagem

- A importância do conhecimento prévio para a construção

significativa do conhecimento

O que os alunos devem saber fazer

- Conceber uma unidade de aprendizagem a partir de uma matriz de mudança
conceptual.
  SQAT

- Estabelecer o ponto de partida da acção (a classe) a partir das informações

37

fornecidas pela matriz de mudança conceptual.

*   Determinar o ponto de chegada da acção (a classe)

ACTIVIDADES DE APRENDIZAGEM POR UNIDADE

Momentos de

aprendizagem Indução

Estratégia: apresentação e inspecção do tema

Actividade: Leitura e análise de uma matriz de mudança conceptual completa

Instruções: Cada participante receberá uma matriz de mudança conceptual completa para analisar.

Estratégia: comparar os significados

Actividade: partilhar com outros o que está escrito em cada coluna da matriz.

Instruções: Em grupos de três pessoas partilhar o que foi respondido, fazer análises e generalizar.

Depois fazer grupos de seis pessoas, a fim de socializar o trabalho anterior.

Em plenário, um porta-voz de cada grupo apresentará as conclusões.

Estratégia de aprendizagem e

desenvolvimento de competências:

ensino directo

Actividades:

*   Apresentação de modelos educativos centrados na aprendizagem autónoma, desenvolvimento de competências e condições para o desenvolvimento do pensamento.

matemático

*   O papel do professor
*   O aprendiz

Instruções:

* Apresentação e explicação dos respectivos tópicos

* Discussão e conclusões

* Atribuição de tarefas, responsabilidades e compromissos

Estratégia: (para a produção de conhecimento) colocar um problema e estabelecer critérios para decidir adequadamente para o resolver.

Problema : "ensino do conceito de fracções", "ideias realizadas sobre fracções e a sua representação".

Actividade: Preencher a matriz de mudança conceptual SQAT.

Instruções: para elevar o conceito de fracção como conteúdo de ensino e em torno dele preencher a matriz de mudança conceptual SQAT.

Culminação da Avaliação

Estratégia: papel de pequenos grupos

Actividade: fase inicial de trabalho em pequenos grupos

Instruções: definir e executar papéis em pequenos grupos, construir e entregar um projecto de aprendizagem, bem como relatórios de relator, moderador e coordenador.

Estratégia: (alcançar o significado e lembrá-lo) para organizar ideias-chave

Actividade: seminário

Instruções: Membros de um dos pequenos grupos organizam o seminário de investigação sobre estratégias para o desenvolvimento do pensamento matemático.

Materiais e recursos didácticos

SQAT Matriz de Mudança Conceptual

Documentos do Ministério da Educação Nacional: Orientações curriculares na área da matemática.

Normas curriculares para uma educação de qualidade (documento de estudo) na área da matemática.

Resolução 2343 sobre indicadores de resultados na área da matemática

Vários documentos sobre a didáctica da matemática nas escolas

UNIDADE DOIS:

APRENDENDO A CONHECER CONSTRUINDO CONSCIENTEMENTE OS

CONCEITOS

Conteúdo do concurso

O que os alunos precisam de saber

Conhecimentos Essenciais

- Conceito

- Conceptualização

- Estratégia Cognitiva

- Estratégia didáctica

- A questão contextualizada

- Diferentes contextos em que a fracção aparece como um megaconceito

O que os alunos precisam de saber fazer

Competências e Habilidades

- Reconhecer os conhecimentos anteriores

- Analisar

- Comparar

- Interpretar

- Ordenar

- Conceptualizar

40

- Identificar e caracterizar as diferentes interpretações e contextos em que a fracção é utilizada.

Atitudes e valores

- Valorizar a importância dos conhecimentos anteriores na construção de novos conceitos.

- Reconhecer o progresso feito na conclusão de uma tarefa.

- Respeitar as diferenças individuais

- Partilhar pontos de vista e opiniões com outro

Hábitos e práticas

- Formular critérios para construir um conceito

- Instrumentos de concepção para a construção de conceitos

- Formular e responder a perguntas contextualizadas

- Determinar os atributos essenciais de um conceito

- Determinar a importância e a utilidade de um conceito

- Construir definições precisas e realistas

- Utilizar estratégias cognitivas para a construção do conhecimento.

- Utilizar estratégias didácticas para orientar os outros na construção consciente dos conceitos

OBJECTIVOS A ATINGIR COM A UNIDADE

O que os alunos precisam de saber

O que é que os alunos devem entender como resultado desta unidade?

- O processo que é seguido para construir um conceito

- A importância de fazer perguntas contextualizadas

- A utilidade das estratégias didácticas e cognitivas

- As diferentes interpretações e usos do conceito de uma fracção

O que os estagiários precisam de saber fazer

O que é que os alunos devem saber fazer como resultado desta unidade?

- Elaborar critérios apropriados para a construção de um conceito.

- Formular e responder a perguntas contextualizadas

- A importância de fazer perguntas contextualizadas

- A utilidade das estratégias didácticas e cognitivas

- As diferentes interpretações e usos do conceito de uma fracção

O que os estagiários precisam de saber fazer

O que é que os alunos devem saber fazer como resultado desta unidade?

- Elaborar critérios apropriados para a construção de um conceito.

- Formular e responder a perguntas contextualizadas

- Utilização de estratégias didácticas e cognitivas

- Caracterizar os diferentes contextos em que a fracção aparece.

ACTIVIDADES DE APRENDIZAGEM POR UNIDADE

Momentos de

aprendizagem Indução

Estratégia: apresentação e inspecção do tema

Actividade: construção do conceito do *tangrama*

Instruções: a cada participante será dado um *puzzle,* alguns deles são *tangramas,* outros não, cada um será informado se o seu é ou não é um tangrama e através da comparação e desenvolvimento de perguntas o conceito será alcançado.

Estratégia: implementação de conceitos

Actividade: construção do conceito do tangrama

Instruções: primeiro cada participante faz uma matriz para a construção do conceito do tangrama e depois em grupos de três ou quatro pessoas exporá o seu ponto de vista para construir um conceito entre eles; depois os grupos serão reorganizados de tal forma que em cada um deles haja membros de quatro grupos diferentes e eles farão o processo novamente. No final, a precisão da construção será verificada.

Aprendizagem e desenvolvimento de competências

Estratégia: (para a produção de conhecimento) recapitulação

Actividades:

*   leitura auto-regulada do documento *"construção consciente de conceitos"*.

Instruções:

*   Após a leitura, haverá uma troca de opiniões e chegar-se-á a algumas conclusões.

*   A título de exposição, o professor apresentará alguns problemas que são evidentes na aprendizagem do conceito de fracção, de modo a que os alunos tenham orientações ao definir os cursos pedagógicos de acção.

Estratégia:(para alcançar um significado e lembrá-lo) leitura leitura auto-regulada, construção de conceitos e questionamento contextualizado

Problema : aspectos a ter em conta para a construção significativa de conceitos.

Actividade: fazer as leituras e exercícios propostos.

Instruções: a) analisar o conceito de fracção a partir de várias perspectivas e propor estratégias didácticas para o seu ensino.

b) Identificar e caracterizar os diferentes contextos em que a fracção aparece.

c) Identificar um conceito químico em que a fracção aparece ou adquire significado.

Culminação da Avaliação

Estratégia: papel de pequenos grupos

Actividade: fase inicial de trabalho em pequenos grupos

Instruções: definir e executar papéis num pequeno grupo, construir e entregar um projecto de aprendizagem, bem como relatórios do relator, moderador e coordenador.

Estratégia: (alcançar o significado e lembrá-lo) para organizar ideias-chave

Actividade: seminário

Instruções: Membros de um dos pequenos grupos organizam o seminário.

investigação sobre estratégias de ensino e aprendizagem de conceitos

Cantos do Conhecimento: esta estratégia será posta em prática durante este seminário.

A abordagem didáctica baseia-se no facto de que quando os estudantes são

crianças pequenas é impossível trabalhar em grupo à distância.

Materiais e recursos didácticos

Leituras adaptadas dos *Guias de Aprendizagem Autónomos*

Leituras sobre fracções de ensino

(Fracções Z.P. Dienes e FRACÇÕES: a relação entre o part-whole. Llinares e Sánchez)

Puzzles

Questionário de

Guias de

Trabalho

UNIDADE TRÊS: APRENDER A AVALIAR O PROCESSO DE APRENDIZAGEM

Conteúdo do concurso

O que os alunos precisam de saber

Conhecimentos Essenciais

- Procedimento implícito para conceptualizar

- Processo metacognitivo básico

- Estratégias metacognitivas

- Processo de aprendizagem

* Avaliação

O que os alunos precisam de saber fazer

Competências e Habilidades

* Reconhecer os conhecimentos anteriores

* Seguir o procedimento adequado para conceptualizar

* Deduzir

* Induza

* Escrever de forma auto-regulada, ou seja: lidar com linguagem matemática de forma escrita, produzindo relatórios descritivos ou explicativos de uma forma clara, precisa e simples.

* Levantamento e resolução de problemas

* Explicar a realidade através de modelos matemáticos

* Gerir a linguagem matemática oralmente, para argumentar e contra-argumentar de forma lógica nas discussões levantadas.

* Gerir a linguagem especializada da matemática, ou seja: saber utilizar gráficos, diagramas, tabelas e ferramentas lógicas relevantes de uma forma significativa ao ler, escrever ou apresentar um texto científico.

* Criticar as teorias dos outros e especialmente as suas próprias teorias

* Conhecer a forma como sabe: ter uma teoria sobre si próprio na tarefa de aprender, que lhe permite saber quando tomar uma nota, quando fazer um gráfico ou olhar para um esboço ou resumo.

Atitudes e valores

* Ouça e compreenda os argumentos dos outros, colocando-se sinceramente na sua perspectiva.

* Saber destacar os aspectos positivos do trabalho um do outro.

- Apontar de forma honesta, sincera e empática os aspectos negativos no trabalho dos outros, evitando atacar as pessoas.

- Fazer sugestões valiosas, pertinentes, e produtivas com o único interesse de contribuir para o avanço do conhecimento.

- Desenvolver a sensibilidade aos conhecimentos matemáticos

- Empreender com entusiasmo as tarefas a realizar

- Experiência de prazer na obtenção de novos conhecimentos

- Valorizar a importância dos conhecimentos anteriores na construção de novos conceitos.

- Apreciar a importância da leitura e da escrita auto-regulada.

- Avaliar objectivamente os produtos produzidos

- Assumir atitudes positivas em relação ao ensino, aprendizagem e avaliação do conteúdo do ensino e da aprendizagem.

- Respeitar as diferenças individuais

Hábitos e práticas

- Resolução de problemas e elaboração de planos para os resolver

- Reflectir sobre como aprendemos

- Usando estratégias metacognitivas
- Desenvolver planos de aprendizagem e ensino

- Avaliar a eficácia das estratégias

- Verificar a aprendizagem

- Tarefas de auto-avaliação antes de as partilhar com outros

- Elaborar rubricas de avaliação e auto-avaliação para as tarefas executadas.

OBJECTIVOS A ATINGIR COM A UNIDADE

O que os alunos precisam de saber

O que é que os alunos devem entender como resultado desta unidade?

* O processo metacognitivo básico

* A importância das estratégias metacognitivas para a construção de conceitos

* Como é formado um conceito

* Como avaliar se, após um processo de aprendizagem, houve um processo de aprendizagem

O que os estagiários precisam de saber fazer

O que é que os alunos devem saber fazer como resultado desta unidade?

* Aplicar estratégias metacognitivas

* Avaliar a aprendizagem e a produção de conhecimento

* Aplicar instrumentos de leitura, escrita e avaliação

ACTIVIDADES DE APRENDIZAGEM POR UNIDADE

Momentos de

aprendizagem Indução

Estratégia: (para o domínio das variáveis de tarefa) Monitorização de tarefas

Actividade: análise de tarefas

Instruções: Antes desta aula, foi atribuído um trabalho de casa individual e será

revisto de acordo com o plano:

a)   analisar a tarefa

b)   conceber estratégias adequadas ligadas à tarefa

c)   detectar sucessos e fracassos ligados ao desempenho da tarefa

d)   detectar pontos fortes pessoais

e)   detectar dificuldades pessoais

f)   seleccionar estratégias pessoais adequadas para superar dificuldades

Estratégia: comparar os significados

Actividade: Partilhar os resultados da análise de tarefas com outros

Instruções: em grupos de três pessoas partilham resultados, fazem análises e

generalizam.

Depois fazer grupos de seis pessoas para socializar o trabalho anterior Em

plenário, um porta-voz de cada grupo apresentará as conclusões.

Estratégia de aprendizagem e desenvolvimento de

competências: aula de encerramento do ensino

directo

Actividades:

* análise de estratégias educativas para ensinar a aprender
* o papel da mediação

Instruções:

Após a exposição:

* Serão formados quatro grupos de trabalho e cada grupo será apresentado com

   duas situações para análise.

 Seguir-se-á uma sessão plenária para se chegar a algumas conclusões.

Estratégia: (para alcançar significado e recordá-lo) aprender a avaliar, técnicas e

estratégias de avaliação

Problema : "ensinar o conceito de fracção".

Actividade: desenvolver um plano para ensinar o conceito de fracção e rubricas para

avaliação e auto-avaliação do processo de aprendizagem.

Instruções: realizar os exercícios propostos e as perguntas contextualizadas para

avaliar a aprendizagem.

Culminação da Avaliação

Estratégia: papel de pequenos grupos

Actividade: trabalho em pequenos grupos

Instruções: definir e executar papéis em pequenos grupos, construir e entregar um projecto de aprendizagem, bem como relatórios de relator, moderador e coordenador. Avaliar construtivamente o progresso da equipa através da produção de um documento de auto-avaliação.

Co-avaliar o trabalho por meio de supervisores.

Estratégia: (alcançar o significado e lembrá-lo) para organizar ideias-chave

Actividade: seminário

Instruções: Membros de um dos pequenos grupos organizam o seminário de investigação sobre estratégias de ensino para ensinar a aprender e avaliar os resultados da aprendizagem.

UNIDADE QUATRO: APRENDER A UTILIZAR O CONHECIMENTO EM CONTEXTOS DIFERENTES DAQUELES EM QUE ELE É UTILIZADO.

APRENDEMOS - TRANSFERÊNCIA

Conteúdo do concurso

O que os alunos precisam de saber

Conhecimentos Essenciais

- Como transferir conhecimentos

- Pergunte no contexto

- Aplicar conceitos em contextos que não aqueles em que são aprendidos

- Leia a realidade

O que os alunos precisam de saber fazer

Competências e Habilidades

- Formular e responder a perguntas contextualizadas

- Interpretar diferentes contextos académicos e quotidianos

- Descubra os conceitos matemáticos utilizados na construção de teorias.

- Identificar conceitos utilizados em situações quotidianas

- Comparar

- Ordenar

- Deduzir

- Tomar decisões seguindo procedimentos adequados

Atitudes e valores

- Valorizar a importância da matemática na construção das teorias

científicas e quotidianas.

- Avaliar a utilidade das questões contextualizadas na identificação dos

conhecimentos aplicados.

- Assumir atitudes positivas em relação à inovação

Hábitos e práticas

- Inovar continuamente na busca de áreas de aplicação dos

conhecimentos adquiridos.

- Reflectir sobre novas formas de aplicar os conceitos

- Analisar os materiais didácticos existentes a fim de determinar as suas

vantagens na construção de conceitos.

- Determinar os conceitos anteriores necessários à compreensão de um novo
conceito.

- Reflectir sobre o porquê? e para quê? do que aprendemos.

- Fazer perguntas contextualizadas

O que os alunos precisam de saber

O que é que os alunos devem entender como resultado desta unidade?

- A importância das questões contextualizadas na construção de conceitos.

- Construir modelos matemáticos de diferentes situações ou para os

explicar.

- A forma como o conhecimento matemático é utilizado em diferentes

contextos, neste caso o conceito de fracção.

O que os estagiários precisam de saber fazer

O que é que os alunos devem saber fazer como resultado desta unidade?

- Formular questões contextualizadas e resolvê-las

- Transferir conceitos matemáticos para diferentes contextos académicos e quotidianos.

- Utilização de materiais apropriados para construir conceitos e teorias de teste

- Discutir a presença de conteúdos matemáticos em diferentes situações.

- Interpretar a realidade através de modelos matemáticos.

ACTIVIDADES DE APRENDIZAGEM POR UNIDADE

Momentos de

aprendizagem Indução

Estratégia: apresentação e inspecção do tema

Actividade: leitura individual "ENSINO A TRANSFERÊNCIA".

Instruções: cada participante lerá o texto individualmente e apresentará as

suas opiniões e ideias ingénuas sobre o tema.

Estratégia: comparar os significados

Actividade: cada participante procurará a presença e utilização de fracções num artigo ou texto ou em situações quotidianas.

Instruções: Em grupos de três pessoas partilhar o que foi respondido, fazer análises

e generalizar.

Depois fazer grupos de seis pessoas para socializar o trabalho anterior Em

plenário, um porta-voz de cada grupo apresentará as conclusões.

Estratégia de aprendizagem e

desenvolvimento de competências:

actividades de ensino directo:

- Exposição "Fracções como operadores".

Instruções:

- Apresentação e explicação do tema

- Alguns estados iniciais e operadores de betão serão propostos para que os

aprendentes construam cordas do formulário STATE OPERATOR STATE

- Será realizada uma discussão sobre as vantagens desta abordagem.

- Discussão e conclusões

- Atribuição de tarefas, responsabilidades e compromissos

Estratégia: (para produção de conhecimento) investigar e aplicar

Problema: "aplicação de fracções".

Actividade: Identificar a utilização de fracções em diferentes contextos.

Instruções: Escolher um tema de uma área particular de conhecimento e
identificar nela a utilização do conceito de fracção para a construção ou explicação de

teorias.

Culminação da Avaliação

Estratégia: papel de pequenos grupos

Actividade: fase inicial de trabalho em pequenos grupos

Instruções: definir e executar papéis em pequenos grupos, construir e entregar um projecto de aprendizagem, bem como relatórios de relator, moderador e coordenador.

Estratégia: (alcançar o significado e lembrá-lo) para organizar ideias-chave

Actividade: seminário

Instruções:

os membros de um dos pequenos grupos organizam o seminário de investigação

sobre estratégias de transferência de conhecimentos, neste caso o conceito de

fracção.

RÚBRICA DE AUTOEVALUACIÓN

CRITERIOS	ESCALA DE DESEMPEÑOS SEGÚN INDICADORES			
	NIVEL 1	**NIVEL 2**	**NIVEL 3**	**NIVEL 4**
MODELO PEDAGOGICO	Falta alguno de los componentes básicos del acto educativo	Incluye los componentes básicos del acto educativo	El esquema muestra la interacción dinámica entre sus componentes	El esquema es de fácil comprensión e ilustra la intencionalidad de formar aprendientes autónomos
ENSAYO: REFERENTE CONCEPTUAL DEL PROYECTO	Falta alguno de los componentes del acto educativo	El ensayo se limita a describir punto a punto los componentes del modelo	• Aterriza los principios generales del modelo • Muestra una intencionalidad formativa • Presenta citas bibliográficas como apoyo	• Evidencia apropiación conceptual sobre los componentes del acto educativo y su dinámica para el desarrollo del aprendizaje autónomo • Presenta una redacción clara y fácil de comprender
ENSAYO: REFERENTE CONCEPTUAL DE LA DISCIPLINA	Define la asignatura o campo de acción en el cual se trabajará	• En el ensayo se evidencia el objeto de estudio de la disciplina • Aclara como se aprende y la utilidad de los conocimientos de la disciplina	• Utiliza citas bibliográficas como apoyo • Explica claramente la naturaleza de la disciplina de estudio y las teorías sobre su enseñanza y aprendizaje	En ensayo presenta una estructura coherente con el modelo pedagógico propuesto y con las teorías sobre el desarrollo del aprendizaje autónomo
IDENTIFICACION DEL PROYECTO O CONCEPTUALIZACION	El proyecto tiene un título sugestivo	Apenas incluye los elementos solicitados	El título contextualiza el proyecto	El título es sugestivo, contextualiza al lector e incluye los elementos solicitados
DETERMINACION DEL PUNTO DE PARTIDA DEL PROYECTO	El proyecto carece de elementos para determinar el punto de partida	El punto de partida propuesto no guarda relación con las metas	Hay alguna relación entre el punto de partida y las metas	El punto de partida es coherente y guarda estrecha relación con las metas del proyecto
DETERMINACION DEL PUNTO DE LLEGADA DEL PROYECTO	Posee un tema generativo para procesos de aprendizaje autónomo	Incluye habilidades de pensamiento, actitudes y hábitos que se ejercitarán	Establece metas disciplinares y metas de pensamiento	Involucra el propósito del proyecto y aclara perfectamente la manera de lograrlo
PLANEACION DEL CURSO DE ACCION UNIDAD 1	Presenta el alcance del tema para la unidad	Incluye el contenido de las competencias disciplinares y cognitivas correspondientes	Incluye las intencionalidades educativas (metas)	El título es sugestivo, contextualiza y desarrolla todos los elementos necesarios para el desarrollo del aprendizaje autónomo

PLANEACION DEL CURSO DE ACCION UNIDAD 2	Presenta el alcance del tema para la unidad	Incluye el contenido de las competencias disciplinares y cognitivas correspondientes	Incluye las intencionalidades educativas (metas)	Guarda estrecha relación con la primera unidad. El título es sugestivo, contextualiza y desarrollo todos los elementos necesarios para el desarrollo del aprendizaje autónomo
PLANEACION DEL CURSO DE ACCION UNIDAD 3	Presenta el alcance del tema para la unidad	Incluye el contenido de las competencias disciplinares y cognitivas correspondientes	Incluye las intencionalidades educativas (metas)	Guarda estrecha relación con la segunda unidad. El título es sugestivo, contextualiza y desarrollo todos los elementos necesarios para el desarrollo del aprendizaje autónomo
PLANEACION DEL CURSO DE ACCION UNIDAD 4	Presenta el alcance del tema para la unidad	Incluye el contenido de las competencias disciplinares y cognitivas correspondientes	Incluye las intencionalidades educativas (metas)	Guarda estrecha relación con la tercera unidad. El título es sugestivo, contextualiza y desarrollo todos los elementos necesarios para el desarrollo del aprendizaje autónomo
EVALUACION FORMADORA	El proyecto presenta un instrumento de evaluación pero este no mide el alcance del curso de acción pedagógica	El instrumento que se presenta no permite ver el progreso que se ha alcanzado	El instrumento permite evidenciar el avance conceptual del aprendiente	Explica como se aplicarán los resultados de la evaluación para el mejoramiento continuo del aprendizaje
AUTOEVALUACION	Presenta rúbricas pero es pobre en su contenido	Presenta un cuadro de rúbricas pero deja por fuera elementos importantes a evaluar del proyecto	Presenta un cuadro de rúbricas acorde con el proyecto	Presenta un cuadro de rúbricas elaborado detalladamente y que recoge los elementos claves del proceso

EVALUACIÓN FORMADORA
Rúbricas para evaluar la matriz de cambio conceptual SQAT

CRITERIOS	NIVEL 1	NIVEL 2	NIVEL 3	NIVEL 4
¿QUE SE? Identificación de conceptos previos	No diligenció	Hizo una lista de temas que no guardan relación con el concepto a desarrollar	Los temas que escribió no son necesarios o suficientes para el aprendizaje del concepto	Tiene claros los saberes básicos necesarios para desarrollar el concepto
¿QUÉ QUIERO APRENDER? Formulación de metas de aprendizaje	No diligenció	Escribió una lista de temas pero no se aprecia la diferencia con la columna anterior	Las metas de aprendizaje no corresponden al concepto a desarrollar	Las metas de aprendizaje son claramente coherentes con el concepto a desarrollar
¿QUÉ APRENDI? Identificación de aprendizajes Autoevaluación Uso de estrategias metacognitivas	No diligenció	Escribió un listado en el cual no se evidencia el avance conceptual o el aprendizaje del concepto	Se limita a describir el concepto pero no clarifica la forma como lo aprendió	Se aprecia el uso de estrategias metacognitivas y a través de lo expuesto es posible determinar el cambio conceptual
¿EN QUE SE APLICA LO APRENDIDO? Transferencia a contextos académicos y cotidianos	No diligenció	Hace un listado de temas pero no muestra evidencia de la forma como se aplica el concepto	La explicación sobre la forma como se aplica el concepto no es clara ni se ha contextualizado	Aborda un tema específico y muestra claramente la forma como se aplica el concepto

LA MATRIZ DE CAMBIO CONCEPTUAL SQAT (PLANEACIÓN)

TEMA: FRACCIONES AREA: MATEMATICAS Y FISICA NIVEL: DE________________ A ________________			
¿QUE SE? Conocimientos previos necesarios para comprender el concepto de fracción	¿QUÉ QUIERO APRENDER? Metas de aprendizaje Implementación de estrategias didácticas y cognitivas	¿QUÉ APRENDI? Resultados del proceso de conceptualización Implementación de estrategias metacognitivas	¿EN QUE SE APLICA LO APRENDIDO? Transferencia de conceptos a contextos académicos y cotidianos
Contenidos Conceptuales: Número, cantidad, operación, conjunto	Concepto de fracción: α. como parte de un todo β. como operador χ. como cociente δ. como razón	Después del proceso de aprendizaje se espera que los aprendientes: • Manejen el concepto de fracción desde diferentes perspectivas • Representen en forma gráfica y utilizando diferentes materiales tanto las fracciones como las operaciones entre ellas • Expliquen con argumentos claros el procedimiento que se sigue para realizar las diferentes operaciones • Realicen las operaciones en forma ,mental • Elaboren teorías acerca de las fracciones • Interactúen con otros y construyan los conceptos mediante trabajo cooperativo • Reflexionen sobre sus alcances y limitaciones a la hora de realizar las tareas • Deduzcan conceptos a partir de lo que conocen. • Identifiquen la presencia de la fracción en conceptos específicos del área de química ej. Densidad, concentración ...	Se espera que además de conceptualizar sobre las fracciones los estudiantes logren reconocer su uso en contextos académicos y cotidianos, por ejemplo: • La fracción como la razón de cambio entre dos magnitudes • Magnitudes directa e inversamente proporcionales • Proporciones y escalas • Porcentajes • Datos de población • Interpretación de recetarios • Otros. • Como resultado del trabajo el aprendiente deberá diseñar un hipertexto de un tema de __________ en el cual el concepto de fracción adquiera significado
Contenidos Procedimentales Contar, sumar, restar, multiplicar, dividir, agrupar, clasificar, comparar	Cadenas de multiplicaciones y divisiones Elaboración de tablas estado – operador estado Operadores neutro e inverso		
Actitudes y Valores Activación de saberes, disposición hacia el aprendizaje, formulación de preguntas, respeto por la palabra del otro, ejercitación de la autoevaluación	Ejercitación de roles en pequeños grupos		
Hábitos Mentales Asumir una actitud crítico reflexiva frente al trabajo realizado, ejercitar lo visto en clase realizando las tareas propuestas, analizar las tareas con detenimiento, regular la conducta verbal evitando responder en forma precipitada.	Habilidades de pensamiento Clasificación, comparación, deducción, toma de decisiones		

56

FORMATO Nº 1

AUTO-AVALIAÇÃO DA TAREFA4

NOME: ____

GRUPO:_____________ASSUNTO_____________DATA: _____________

A. ANÁLISE:

Benchmarks para reflectir sobre uma tarefa

Clareza na concepção da tarefa: O que estou a fazer é o que as instruções me pedem?

Duração. O tempo gasto é adequado? Se não, onde é que eu exagerei, com que rapidez o deveria ter feito?

Foi ela clara quanto aos conhecimentos e competências necessários para levar a cabo a tarefa?

Conhecia os métodos necessários para realizar o trabalho? Conhecia as regras relevantes do jogo?

Será que visualizei a complexidade da tarefa? Quais foram os pontos difíceis?

Providenciei os recursos necessários para desenvolver o exercício?

Fui claro quanto ao grau de exactidão e precisão com que devo realizar a tarefa?

Prepararei um plano de tarefa a fim de distribuir o trabalho ao longo do tempo e exercer controlo.

Benchmarks para reflectir sobre aspectos de qualidade.

Produz satisfação, desenvolve competências e facilita a realização dos objectivos?

Permite-lhe estabelecer objectivos pessoais e de grupo?

Será que fomenta a motivação intrínseca? Será que cria a necessidade de fazer outras tarefas que derivam da tarefa principal?

Cria identidade e um sentido de pertença?

Promove elevados níveis de pensamento e tem em conta as necessidades individuais?

Facilita os ajustamentos pessoais, familiares e académicos?

Será que permite o exercício da aprendizagem autónoma?

Critérios de reflexão sobre os produtos.
Consistência:

Procurar inconsistências ou diferenças entre a tarefa executada e a tarefa solicitada ou ideal. Explicar as razões.

---

4   Adaptado do GUIA DE APRENDIZAGEM AUTÓNOMO A UNAD-CAFAM 2001

57

Integridade:
Procurar lacunas e dados, factos ou procedimentos em falta em comparação com a
tarefa solicitada ou ideal. Explicar as razões.

Funcionalidade:
Os resultados ou produtos obtidos em cada etapa do processo são justificados?
São necessários, contribuem para o passo seguinte e para o resultado final, quais deles?

Geração de núcleos de apreciações e conclusões derivadas da reflexão. Complete os
seguintes núcleos de conclusões de acordo com os resultados das suas reflexões.

A missão foi significativa para mim porque: _______________________________

____

A tarefa demonstra a minha compreensão da mesma: _______________________

____

Estou muito orgulhoso desta tarefa porque: _______________________________

____

Não estou satisfeito com esta tarefa porque: _____________________________

____

Algo que eu quero que outros vejam nesta missão é: ______________________

____

Uma questão que quero aprofundar em resultado desta tarefa é: ___________

____

*Esta tarefa mostra o meu progresso no sentido de alcançar o meu objectivo
porque:*

____

____

Esta tarefa revela-se desafiante porque:

____

____

____

Resultados da auto-reflexão.

Depois de reflectir sobre o processo, conceitos e produtos, o aprendente poderá registá-los na sua carteira:

As suas realizações, necessidades, pontos fortes e fracos em relação às exigências da tarefa (processo periódico).

As acções de melhoria ou mudança em vários aspectos dos processos, conceitos e produtos que pretende empreender.

B. A SÍNTESE

Escrever numa página de auto-avaliação de acordo com os seguintes pontos:

Dêem-lhe um título que reflicta os vossos estados de espírito, os vossos sucessos ou dificuldades, ou os vossos obstáculos ou perspectivas futuras.

Escreva a síntese das suas reflexões tendo em conta os seguintes aspectos:

Problemas, obstáculos e necessidades em relação à tarefa e às suas causas.

Meios e recursos que pode fornecer para os resolver ou satisfazer

Disposição para cooperar com pares e professores na procura de soluções.

Prioridades que dá à resolução de problemas e mudanças desejadas para o futuro imediato.

FORMATO #2
LA MATRIZ DE CAMBIO CONCEPTUAL SQAT

Este instrumento se utiliza en dos momentos, el primero es a la hora de planear el curso de la acción pedagógica (clase) y el segundo es con los aprendientes, para que en ella registren los saberes: la matriz consta de cuatro columnas en las cuales se registran: los conocimientos previos, las metas de aprendizaje de pensamiento de contenido, la evaluación y la transferencia.

COLEGIO:____

AREA: ____

TEMA: ____

ESTUDIANTE:____

¿QUÉ SÉ?	¿QUÉ QUIERO APRENDER?	¿QUÉ APRENDÍ?	TRANSFERIR
Conocimientos básicos necesarios para comprender el concepto a tratar Conceptos previos	Metas de pensamiento, metas disciplinares, habilidades, actitudes, hábitos y valores que se ejercitarán paralelo al desarrollo del concepto	Ejecución de estrategias cognitivas y metacognitivas para monitorear aprendizajes Diligenciar rúbricas de evaluación y autoevaluación	Contextos académicos y cotidianos en los cuales el concepto adquiere significado

RÚBRICAS PARA LA EVALUACIÓN:

Son matrices que se elaboran para ser diligenciadas por los y las docentes y por los y las aprendientes con el fin de monitorear aprendizajes, el objetivo central es el de aprender a hacer seguimiento y autorregular el proceso formativo.

CATEGORÍAS	¿PARA QUÉ APRENDER?	¿CÓMO APRENDER?			¿CÓMO DEMOSTRAR APRENDIZAJE?			¿CÓMO VALORAR APRENDIZAJE?			¿QUÉ ACCIONES DE MEJORAMIENTO REALIZAR?
Sub Categorías	Intencionalidades	2°	3°	4°	5°	6°	7°	8°	9°	10	Autorregulación
Condiciones	Identificar las intencionalidades propuestas para el periodo										Planear y desarrollar acciones de mejoramiento
Nivel							A				
								B			
									C		
										D	
											E

***2. CONCEPTUALIZACIÓN DE CURSO DE ACCIÓN:** Tener una representación mental del procedimiento implícito de la unidad de aprendizaje en el caso del docente y de la tarea realizada en el caso del aprendiente

3. **CONSTRUCCIÓN DE SENTIDO AL CURSO DE ACCIÓN:** Encontrar razones al curso de acción propuesto en el contexto del proceso personal

4. **CRITERIOS DE EVALUACIÓN DEL CURSO DE ACCIÓN:** Determinar los referentes a la luz de los cuales es posible evaluar un curso de acción o una tarea.

5. **CONCEPTUALIZACIÓN DE PRODUCTOS:** Tener una representación mental de los productos a elaborar

6. **CONSTRUCCIÓN DE SENTIDO A LOS PRODUCTOS A ELABORAR:** Encontrar razones para la elaboración de los productos propuestos en el contexto del proceso personal

7. **CRITERIOS DE EVALUACIÓN DE LOS PRODUCTOS:** Determinar los referentes a partir de los cuales es posible evaluar cada producto elaborado (evaluación del desempeño).

8. **COMPARACIÓN IDEAL Vs: REAL:** Poner en relación las condiciones ideales con la propia construcción y concluir. (evaluación de logros)

9. **COMPARACIÓN DE REALES:** Poner en relación las construcciones elaboradas a través del tiempo y concluir.

REFLEXIÓN: Tomar como base las conclusiones y comprender las razones del desfase

I want morebooks!

Buy your books fast and straightforward online - at one of world's fastest growing online book stores! Environmentally sound due to Print-on-Demand technologies.

Buy your books online at
www.morebooks.shop

Compre os seus livros mais rápido e diretamente na internet, em uma das livrarias on-line com o maior crescimento no mundo! Produção que protege o meio ambiente através das tecnologias de impressão sob demanda.

Compre os seus livros on-line em
www.morebooks.shop

KS OmniScriptum Publishing
Brivibas gatve 197
LV-1039 Riga, Latvia
Telefax: +371 686 204 55

info@omniscriptum.com
www.omniscriptum.com

Printed by Books on Demand GmbH, Norderstedt / Germany